1859年

让-巴蒂斯特·安德烈·杜马(J.-B. A. Dumas, 1840~1884) 法国化学家。

1859年杜马因发现同系的有机物分子量间有一个公差，如：

甲烷 $CH_4 = a$ = 16

乙烷 $C_2H_6 = a+d = 16+14$ = 30

丙烷 $C_3H_8 = a+2d = 16+2\times14$ = 44

于是他联想到性质相似的元素也可作为同系元素，而它们的原子量也有类似的关系[12]。如：

$F = a$ = 19

$Cl = a+d$ 19+16.5 = 35.5

$Br = a+2d+d' = 19+2\times16.5+28$ = 80

过去这也是一个在周期表形成时常被忽略的概念。

[12] Dumas J B. Ann Chim Phys, 1859, 55: 129.

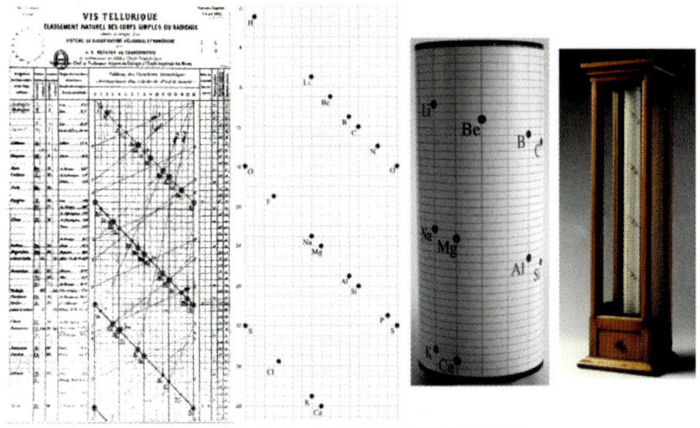

图4 尚库尔图瓦设计的圆柱形周期表

1862年

德•尚库尔图瓦 (A.-B. de Chancourtois, 1820~1886) 法国地质学家。

1862年尚库尔图瓦把化学元素按原子质量排列，绘制出一幅圆柱形的图解，发现性质相似的那些元素分别位于一条条的垂直线上(图4) [13] 。然而，发表他论文的这家杂志认为不宜刊登他称之为“地球物质螺旋图”的这幅圆柱形插图。但是，1863年已被人重视[14]。

[13] Chancourtois A E B. Académie des Sci, 1862, 54: 757.

[14] Telluric V. Classement naturel des Corps simples ou radicaux obtenu au moyen d'un systeme de classification helicoidal et numerique. Paris: Plates, 1863.

1864年

威廉•奥德林 (W.Odling, 1829~1921) 英国化学家。

1864年，奥德林进一步修改了他1857年发表过的以当量为基础的“元素表”[15]，而以“原子量和元素符号”为标题重新发表（表3）[16]。该表基本按原子量排列元素，只对碘和碲未顾及其原子量而按性质排列，并在适当地方留下空格，也部分地发现元素性质出现周期性变化的规律。他曾说过：无疑，在表中所出现的某种算术上的关系可能纯属偶然，但总起来说，这种关系在很多方面清楚地表明，它可能依赖于某一迄今尚不为人所知的规律。从形式上看，比螺旋线图又进了一步。但是，表中错误地将Li、Na、K、Rb、Cs分别放在了三个横列里，全表列入47种元素。他提到了周期律的想法但未深入研究[17]。

表3 奥德林的元素表

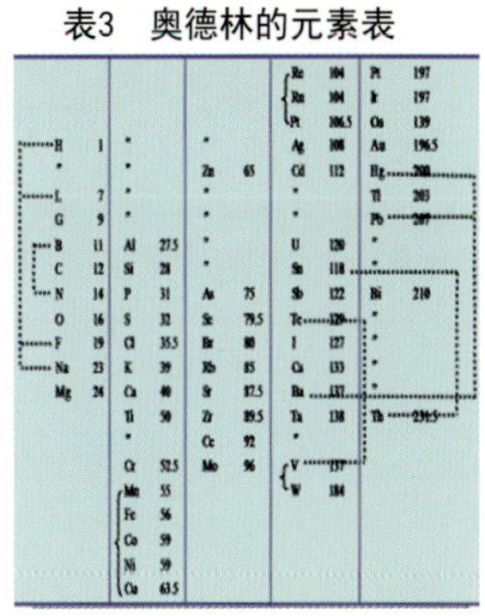

[15] Odling W. Phil Mag, 1857, 13: 423.

[16] Odling W. Quarterly J Sci, 1864, 1: 642.

[17] Scerri E. The periodic table: A very short introduction. Oxford: Oxford University Press, 2011.

1864年

尤利乌斯•洛塔尔•迈尔(J. L. Meyer, 1830~1895) 德国化学家。

同年，迈尔提出了按原子量的顺序排列元素的《六元素表》（表4）[18]。他明确指出：“在原子量的数值上具有一定的规律性，这是毫无疑义的。” 1868年迈尔在《近代化学理论》第二版的草稿中曾有发表第二张元素周期表的打算，它比起第一张表增加了24个元素和9个纵行，只是在他去世后人们整理其原稿时才被发现；同年，迈尔发表了著名的《原子体积周期性图解》(图5)，图中描绘了固体元素的原子体积随着原子量递增而发生的周期性变化；1870年迈尔发表了他的第三张 元素周期表[19]。

A PERI

周期

1/IA

【说明】
●表的底色表示原子结构分区：蓝
●元素的符号：黑色为固态，绿色
●酸碱性指代表性氧化物或高价氧
●晶体结构为示意图，其中α、β
●气体元素的密度值为$g \cdot dm^{-3}$。
●族号1/IA,前者为IUPAC推荐使用
CAS表示法。
●氢的位置采用单独放在表的上方

1

2/IIA

2

6.94 3.0
0.534 [He]$2s^1$ 3.39×10^3
180.54 8.55
1347 0.6
12.97 1.0
3 锂Li 520.2
59.8
152 Lithium
133 1
68(+1) $Li^+ \longrightarrow Li$ -3.045
—
1817年 ♀*

9.0121831(5) 12
1.85 [He]$2s^2$ 1.82×10^3
1278 4.0
2970 5.5
4.85 1.5
4 铍Be 932
(-238)
111.3 Beryllium
90 2,1
31(+2) $Be^{2+} \longrightarrow Be$ -1.847
195(-1)
1798年

一些单键(A—B)的平均键能$\overline{D}^{\circ}$/(k

A	B								
	H	C	Si	Ge	N	P	As	O	S
H	436	416	323	289	391	322	247	467	34
C		356	301	255	285	264	201	336	27
Si			226	—	335	—	—	368	22
Ge				188	256	—	—	—	—
N					160	~200	—	201	—
P						209	—	~340	—
As							180	331	—
O								146	—
S									22
Se									
F									
Cl									
Br									
I									

3

22.98976928(2) 2.6
0.97 [Ne]$3s^1$ 1.23×10^3
97.81 4.28
882.9 0.5
23.68 0.9
11 钠Na 495.8
52.7
185.8 Sodium
153.7 1
95(+1) $Na^+ \longrightarrow Na$ -2.714
—
1806年 ♀

24.305 8.95
1.74 [Ne]$3s^2$ 1.03×10^3
648.8 4.45
1090 2.5
14.0 1.2
12 镁Mg 737.7
(-230)
160 Magnesium
136 2
65(+2) $Mg^{2+} \longrightarrow Mg$ -2.363
—
1808年 ♀

3/IIIB

4/IVB

4

39.0983(1) 2.3
0.86 [Ar] $4s^1$ 753
63.65 6.15
759 0.4
45.36 0.8
19 钾K 418.8
48.4
227.2 Potassium
196.2 1
133(+1)

40.078(4) 8.54
1.55 [Ar] $4s^2$ 653
839 4.06
1484 1.75
29.9 1.0
20 钙Ca 589.8
(-157)
197.3 (α) Calcium
174 2
99(+2)

44.955908(5) 14.1
2.992 [Ar]$3d^14s^2$ 556
1539 61.0
2832 —
15.04 1.3
21 钪Sc 633.1
—
164.1 Scandium
144 3,2
81(+3)

47.867(1) 15
4.507 (α) [Ar]$3d^24s^2$ 523
1660 42.0
3287 6.0
10.65 1.5
22 钛Ti 658.8
(37.7)
147 Titanium
132 ,2,0,-1
68(+4)

1843年

利奥波德•盖墨林 (L. Gmelin, 1788~1853) 德国化学家。

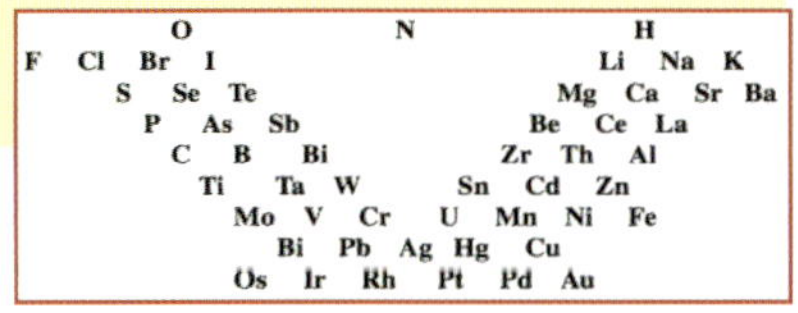

图2 盖墨林的元素三分组图

和同时代的人不一样，盖墨林很早就注意到了德贝赖纳的研究。他进一步有所发现，扩大了“三分组”现象(图2)[6]。

[6] Gmelin L. Gmelin's handbuch der anorganischen chemie. Vol 1. 4th ed. Heidelberg: Verlag Chemie, 1843: 52.

1850年

马克斯・冯・佩滕科费尔(M. J. von Pettenkofer, 1818~1901) 德国药物学家。

佩滕科费尔认为相似元素组中不应限于三种元素，例如氧、硫、硒、碲也是一个相似元素组。他又指出:各元素的原子量之差常为8或8的倍数[7]。

例如，Li =7　Na =7+2×8=23　K =23+2×8=39

Mg =12　Ca =12+8=20　Sr =20+3×8=44　Ba =44+3×8=68

[7] Pettenkofer M J V. Gelehrten Anzeiger, 1850, 30:261.

1853年

约翰・霍尔・格拉德斯通(J. H. Gladstone, 1827~1902) 英国化学家。

格拉德斯通提出性质相似的同族元素在原子量方面有三种不同的类型[8]：除三元素组型外，还有一类是它们的原子量几乎相等，例如：

铬组 Cr 26.7　Mn 27.6　Fe 28　Co 29.5　Ni 29.6

铅组 Pb 53.3　Rh 52.2　Ru 52.2

铂组 Pt 98.7　Ir 99　Os 99.6

另一类是它们的原子量彼此成一定倍数。例如下列一组元素的原子量都是11.5的倍数：

Ti=25　2×11.5=23;　Mo=46　4×11.5=46;　Sn=58　5×11.5=57.5;

Y=68.6　6×11.5=69;　W=92　8×11.5=92;　Ta=184　16×11.5=184

[8] Gladstone J H. Phil Mag, 1853, 5: 313.

1854年

乔赛亚・帕森斯・库克(J. P. Cooke, 1827~1894) 美国化学家。

1854 年，库克在“元素原子量之间的数量关系以及关于化学元素分类的某些考虑”的论文[9] 中指出“首先，化学元素可按照类似有机化学中的卤素系列的方式来分类；其次，这些元素系列的性质服从某种递变规律；最后，原子量也同样地按递变规律变化，而这种递变规律可用一个简单的代数式来表达。”他还断言，在这规律的背后存在着更深层次的规律。

[9] Cooke J P. Am J Sci, 1854, 17: 387.

1857年

弗里德里希・奥古斯特・克库勒(F. A. Kekulé, 1829~1896) 德国有机化学家。

1857年8月，克库勒发现碳通常与四个其他原子结合。例如，甲烷有一个碳原子和四个氢原子(图3)[10]。这个概念最终被称为“价”，即常说的“化合价”：不同元素与不同数量的原子相结合[11]。过去这是一个在周期表形成时常被忽略的概念。

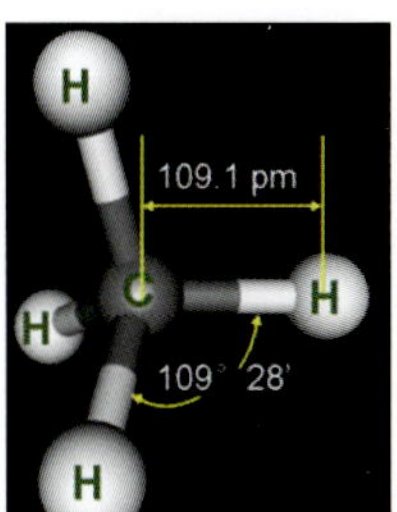

图3 甲烷的分子结构

[10] Kekulé F A. Annalen der Chemie und Pharmacie, 1857, 104 (2): 129.

[11] van Spronsen J W. The periodic system of chemical elements. Amsterdam: Elsevier, 1969: 19.

化学元素

ODIC TABLE OF THE

色为s区，黄色为d区，淡红色为p区，绿色为f区。
为液态，蓝色为气态，红色为放射性元素。
化物的酸碱性：红色为酸性，蓝色为碱性，两色为两性。
、γ、δ表示晶型。

方法(Fluck E. Pure Appl Chem, 1988,60 (3): 431.)，后者为

中央(Cronyn M W. J Chem Edu, 2003, 80 (8): 947.)。

1.008 0.117
0.08987 $1s^1$ 1.43×10^4
−259.14 —
−252.87 —
14.1 2.1
1312
氢H 72.9
1
53 Hydrogen
37.1 1,−1 0.0000
208(−3) $2H^+ \longrightarrow H_2$
10^{-3}(+1)
1766年

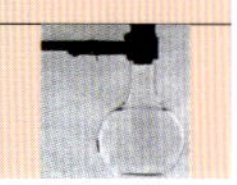

● 相对原子质量引
● 表中引用数据主
● 稀有气体的电负
● 生命必需元素在
● 还原电位反应式
● 104~118号元素衤
和命名。

元素符号 电子结构

相对原子质量	47.867(1)		15	熔化焓/(kJ·mol^{-1})
密度/(g·cm^{-3})	4.507 (α)	$[Ar]3d^24s^2$	523	比热容/(J·kg^{-1}·K^{-1})
熔点/℃	1660		42.0	电容率/(μΩ·cm)
沸点/℃	3287		4.0	硬度(莫氏)
原子体积/(cm^3·mol^{-1})	10.65	钛Ti	1.5	电负性(Pauling)
元素名称			658.8	第一电离能/(kJ·mol^{-1})
原子序数		22	(37.7)	第一电子亲和能/(kJ·mol^{-1})
原子半径/pm	144.8 (α)	Titanium		元素英文名称
共价半径/pm	132	4, 3, 2, 0, −1		氧化态(红:最常见)
离子半径/pm	68(+4)	$TiO_2+4H^+ \longrightarrow Ti$	−0.86	还原电位/V
	76(+2)			
发现年代	1791年			
晶体结构				单质或化合物图

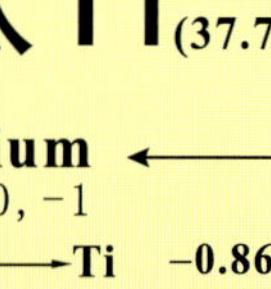

酸碱性 生命必需元素

J·mol^{-1}) (298K)

	Se	F	Cl	Br	I
7	276	566	431	366	299
2	243	485	327	285	213
5	—	582	391	310	234
	—	—	342	276	213
	—	272	193	—	—
	—	490	319	264	184
	—	464	317	243	180
	—	190	205	—	201
5	—	326	255	213	—
	172	285	243	—	—
		158	255	238	—
			242	217	209
				193	180
					151

5/VB

9415(1) 20.9
$[Ar]3d^34s^2$ 481
02 24.8~26.0
09 >5
9 1.6
钒V 650.9
(90.4)
23
.1 Vanadium
5,4,3,2,0,±1

6/VIB

51.9961(6) 21.0
7.20 $[Ar]3d^54s^1$ 448
1907 12.9
2672 8.5
7.24 1.6
铬Cr 652.9
63
24
124.9 (α) Chromium
134 3,6,5,4,0,±1,±2
52(+6)

7/VIIB

54.938044(3) 12.91
7. 44 (α) $[Ar]3d^54s^2$ 477 (α)
1244 278 (α)
2061 6.0
1.39 1.5
锰Mn 717.3
—
25
127 Manganese
139 2, 4, 6, 7, 5, 0, +1, +3
46(+7)

8/VIII

55.845(2) 13.81
7.86 448(α)
1535 $[Ar]3d^64s^2$ 9.71
2750 4.0
7.10 1.8
铁Fe 762.5
(56.2)
26
124.1 Iron
117 3,2,6,0,1,4,5,-2
64(+3)

9/VIII

58.933194(4) 15.2
8.9 $[Ar]3d^74s^2$ 435
1495 6.24
2870 5.5
6.77(α) 1.8
钴Co 760.4
(90.3)
27
135 Cobalt
126 2,3,0,4,±1
63(+3)

元素周期表的发现和发展

元素周期律和周期表的发现和发展是随着元素的不断发现和合成，从最初仅追寻原子量和元素性质的关系，到关联元素化合价，准确定义原子序数和确立原子核外电子排布结构而完成的。本表试图从另一个角度以时间为序，引用主要史实文献将其串联起来进行解读，以利于周期律和周期表的教学和科学研究参考。

1 萌芽

1789年

安托万• 拉瓦锡(A. Lavoisier, 1743~1794) 法国化学家、律师，近代化学之父。

1789年，拉瓦锡用法文出版了已知的33种化学元素(部分为单质和化合物)的列表(表1) [1] ，将其分组成气体、金属、非金属矿物和稀土四组。1790年Robert Kerr将其翻译成英文[2] 。这应该是世界上第一张有关元素的分类表格。

[1]Lavoisier A.Traité Élémentaire de Chimie, présenté dans un ordre nouveau, et d'après des découvertes modernes. Paris: A Paris, Chez Cuchet, 1789.

[2] Kerr R. Elements of Chemistry. Edinburgh: William Creech, 1790.

表1 拉瓦锡的元素表

Gases

New names (French)	Old names (English translation)
Lumière	Light
Calorique	Heat Principle of heat Igneous fluid Fire Matter of fire and of heat
Oxygène	Dephlogisticated air Empyreal air Vital air Base of vital air
Azote	Phlogisticated gas Mephitis Base of mephitis
Hydrogène	Inflammable air or gas Base of inflammable air

Metals

New names (French)	Old names (English translation)
Antimoine	Antimony
Argent	Silver
Arsenic	Arsenic
Bismuth	Bismuth
Cobolt	Cobalt
Cuivre	Copper
Étain	Tin
Fer	Iron
Manganèse	Manganese
Mercure	Mercury
Molybdène	Molybdena
Nickel	Nickel
Or	Gold
Platine	Platina
Plomb	Lead
Tungstène	Tungsten
Zinc	Zinc

Nonmetals

New names (French)	Old names (English translation)
Soufre	Sulphur
Phosphore	Phosphorus
Carbone	Pure charcoal
Radical muriatique	Unknown
Radical fluorique	Unknown
Radical boracique	Unknown

Earths

New names (French)	Old names (English translation)
Chaux	Chalk, calcareous earth
Magnésie	Magnesia, base of Epsom salt
Baryte	Barote, or heavy earth
Alumine	Clay, earth of alum, base of alum
Silice	Siliceous earth, vitrifiable earth

1803年

约翰•道尔顿(J. Dalton, 1766~1844) 英国化学家、物理学家，近代原子理论的提出者。

道尔顿1803年提出原子学说。1808年他的代表著作《化学哲学的新体系》正式出版[3]。书中，他首次提出用相对比较的办法求取各元素的原子量，并发表第一张原子量表（图1），为后来测定元素原子量工作开辟了光辉前景。

[3] Dalton J. A New System of Chemical Philosophy. Manchester: Bickerstaff, 1808.

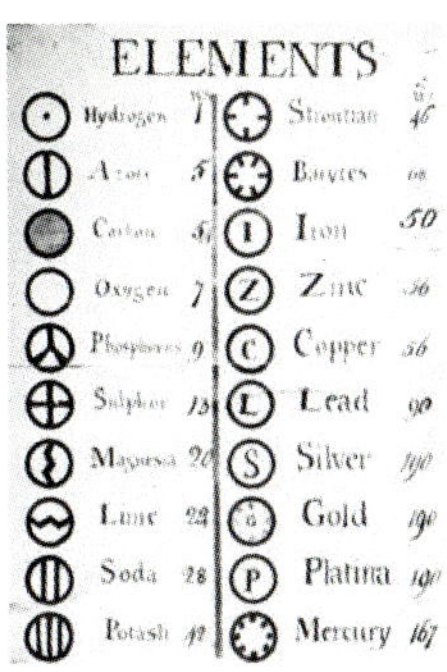

图1 道尔顿的原子量表

1829年

约翰•沃尔夫冈•德贝赖纳(J. W. Döbereiner, 1780~1849) 德国化学家。

表2 德贝赖纳排列的三元素组

Element 1 Atomic mass	Element 2 Actual atomic mass Mean of 1 & 3	Element 3 Atomic mass
Lithium 6.9	Sodium 23.0 23.0	Potassium 39.1
Calcium 40.1	Strontium 87.6 88.7	Barium 137.3
Chlorine 35.5	Bromine 79.9 81.2	Iodine 126.9
Sulfur 32.1	Selenium 79.0 79.9	Tellurium 127.6
Carbon 12.0	Nitrogen 14.0 14.0	Oxygen 16.0
Iron 55.8	Cobalt 58.9 57.3	Nickel 58.7

1829年德贝赖纳观察到已知的54种元素有许多的化学性质存在三元素规律[4,5]。例如,锂、钠、钾因为它们都是柔软的活泼金属而在一个三元素组。重要的是他注意到性质相似的三个元素的“原子量”之间的关系，若以当时的氧（O）的原子量为100计算，第二个成员的原子量大约是第一和第三个的平均值(表2)，以此可推测第二个成员的性质。

[4] Döbereiner J W. Pogg Ann Phys Chem, 1829, 15: 301.

[5] Collins P M D. Platinum Metals Rev, 1986, 30 (3): 141.

周期表

CHEMICAL ELEMENT

自IUPAC（http://www.chem.qmul.ac.uk/iupac/AtWt/）2015年发布的数据。
要取自《化学与物理学手册》（Haynes W H, Handbook of Chemistry and Physics.91st ed. Boca Raton: C
性值为计算值（与Pauling电负性意义不同）录自《化学通报》,1983年第4期13页。
周期表中的分布见《无机化学丛书》第十五卷224页，有“*”者为尚未确认的潜在的生命必需元素。
中电子、水未写出，锈的值录自《无机化学丛书》第十卷23页。
次合成的核反应取自《化学进展》, 2011, 23(7): 1507。与第三版不同，113、115、117、118号元素已

一些键(A—B)的平均键能$\overline{D}^{\circ}$/(kJ · mol^{-1})(298K)

C—C	356	N—N	160	C—N	292
C═C	598	N═N	418	C═N	615
C≡C	813	N≡N	945	C≡N	891

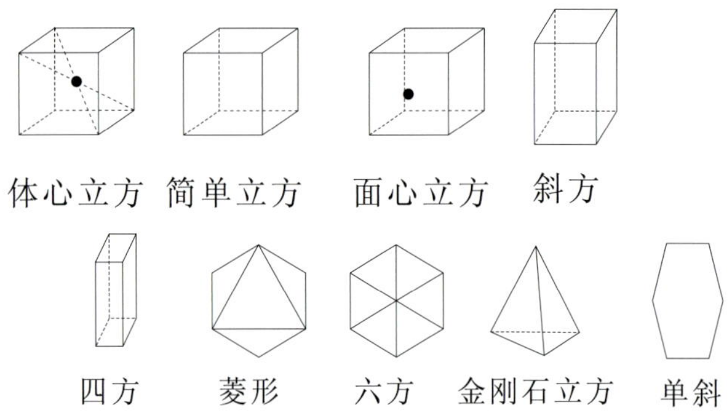

13/IIIA

10.81　22
2.34　[He]2s^{2}2p^1　1.03×10^3
2076　1.8×10^{12}
3927　9.5
4.64　2.0
5 硼B　800.6
23.0
98　Boron
88　3, 1
20(+3)
35(+1)　$H_3BO_3+3H^+ \longrightarrow B$　−0.370
1808年

26.9815385(7)　10.7
2.702　[Ne]3s^{2}3p^1　900
660.37　2.6548
2467　2.75
9.99　1.61
13 铝Al　577.5
46
143.1　Alumium
118　3,1
50(+3)
—　$Al^{3+} \longrightarrow Al$　−1.662
1827年　*

69.723(1)　5.61
5.904　[Ar]3d^{10}4s^{2}4p^1　381
29.78　17.4
2403　1.5
11.76　1.81
31 镓Ga　578.8
36
135　Gallium
126　3,1

14/IVA

12.011　117(石)
2.267(石)　[He]2s^{2}2p^2　711(石)
3550(石)　1375.0
4827(石)　1(石)
5.30　2.5
6 碳C　1086.5
123
91.4　Carbon
77　4,−4,2
15(+4)
260(−4)　$CO_2+2H^+ \longrightarrow HCOOH$　−0.2
古代　石

28.085　46.4
2.33　[Ne]3s^{2}3p^2　711
1414　85000
3265　7.0
12.04　1.9
14 硅Si　786.5
120
117.2　Silicon
112.6　4,2
41(+4)
271(−4)　$SiF_6^{2-} \longrightarrow Si+6F^-$　−1.24
1823年

72.630(8)　36.94
5.323　[Ar]3d^{10}4s^{2}4p^2　322
937.4　89×10^3
2830　6.0
13.55　2.01
32 锗Ge　762
116
122.5　Germanium
122　4,2

10/VIII

58.6934(4)　17.6
8.90　[Ar]3d^{8}4s^2　439
1453　6.84
2732　4
6.59　1.8
28 镍Ni　737.1
(123.1)
135　Nickel
115　2,3,0,4,±1

11/IB

63.546(3)　13.0
8.92　[Ar]3d^{10}4s^1　385
1083.4　1.67
2567　3.0
7.12　1.9
29 铜Cu　745.5
123
127.8　Copper
117　2,1,3

12/IIB

65.38(2)　7.36
7.14　[Ar]3d^{10}4s^2　385
419.58　5.916
907　2.5
9.17　1.6
30 锌Zn　906.4
(−87)
133.2　Zinc
125　2

[18]Meyer L J. Die modernen theorien der Chemie und ihre Bedeutung für die chemische Statik, Breslau: Maruschke & Berendt,1864.

[19] Meyer L J. Ann Chem, 1870, 7: 354.

表 4 迈尔的《六元素表》（1864年）

	4价	3价	2价	1价	1价	2价
	—	—	—	—	Li 7.03	(Be 9.3)
差值	—	—	—	—	16.02	(14.7)
	C 12.0	N 14.4	O 16.00	F 19.0	Na 23.5	Mg 24.0
差值	16.5	16.96	16.07	16.46	16.08	16.0
	Si 28.5	P 31.0	S 32.0	Cl 35.46	K 39.13	Ca 40.0
差值	44.55	44.0	46.7	44.51	46.3	47.0
	—	As 75.0	Se 78.8	Br 79.97	Rb 85.4	Sr 87.0
差值	44.55	45.6	49.5	46.8	47.6	49.0
	Sn 117.6	Sb 120.6	Te 128.3	I 126.8	Cs 133.0	
差值	44.7	43.7	—	—	35.5	
	Pb 207.0	Bi 208.0			(Tl 204.0?)	Ba 137.1
	4价	4价	4价	2价	1价	
	Mn 55.1 Fe 56.0	Ni 58.7	Co 58.7	Zn 65.0	Cu 63.5	
差值	49.2 48.3	45.6	47.3	46.9	44.4	
	Ru 104.3	Rh 104.3	Pd 106.0	Cd 111.9	Ag 107.94	
差值	46.0	46.4	46.5	44.2	44.4	
	Pt 197.1	Ir 197.1	Os 199.0	Hg 200.2	Au 196.7	

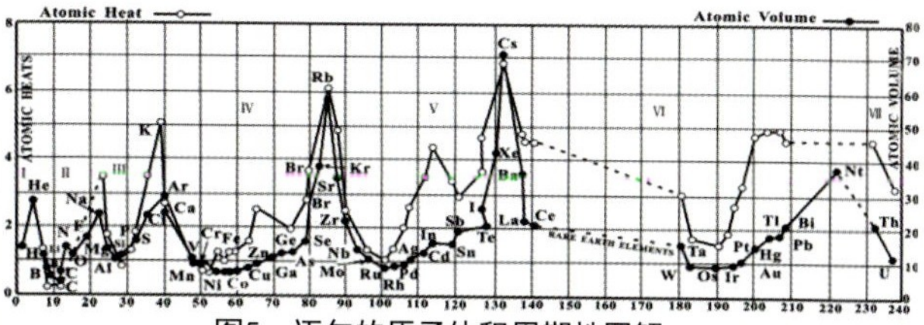

图5 迈尔的原子体积周期性图解

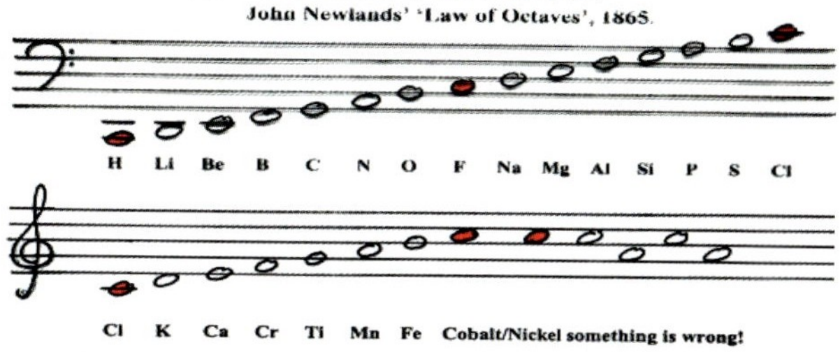

图6 纽兰兹认为从Li到Na有重复的属性

1864年

约翰·亚历山大·雷纳·纽兰兹(J. A. R. Newlands, 1837~1898) 英国化学家。

同年，纽兰兹把当时已知的元素按原子量大小的顺序排列起来，发现从任意一个元素算起，每到第八个元素就和第一个元素的性质相近[20]，与八度音程相似（图6），所以他把这个规律称为“八音律”（表5 ） [21] 。该表的前两个纵列几乎相应于现代元素周期表的第二、第三周期，但从第三列以后就不能令人满意了。其缺点在于既没有充分估计到原子量测定值会有错误，又没有考虑到还有未被发现的元素应留出空位。

[20] Newlands J A R. Chem News, 1864, 10: 94.

[21] Newlands J A R. Chem News, 1865, 12: 83.

表5 纽兰兹的“八音律元素表”

No.1	No.2	No.3	No.4	No.5	No.6	No.7	No.8
H 1	F 8	Cl 15	Co & Ni 22	Br 29	Pd 36	I 42	Pt & Ir 50
Li 2	Na 9	K 16	Cu 23	Rb 30	Ag 37	Cs 44	Os 51
G 3	Mg 10	Ca 17	Zn 24	Sr 31	Cd 38	Ba & V 45	Hg 52
B 4	Al 11	Cr 19	Y 25	Ce & La 33	U 40	Ta 46	Tl 53
C 5	Si 12	Ti 18	In 26	Zr 32	Sn 39	W 47	Pb 54
N 6	P 13	Mn 20	As 27	Di & Mo 34	Sb 41	Nb 48	Bi 55
O 7	S 14	Fe 21	Se 28	Ro & Ru 35	Te 43	Au 49	Th 56

1867年

古斯塔夫斯·德特勒夫·欣里希斯(G. D. Hinrichs, 1836~1923) 在伦敦出生、在丹麦学习的美国化学家。

欣里希斯把元素按原子量的大小排列在不等的半径线上，在同一个半径线上分布着性质相似的元素星形化学元素体系（图7）[22]。但是，欣里希斯仅仅绘制了一张图而已，没有做出任何说明。

[22] Hinrichs G D. Programm der Atomechanik oder die Chemie eine Mechanik de Pantome. Iowa City: Augustus Hageboek, 1867.

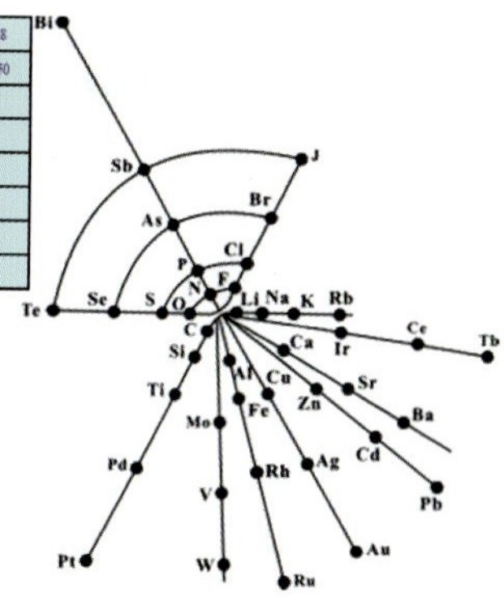

图 7 欣里希斯的星形化学元素体系

2 突破

1869年

德米特里·伊万诺维奇·门捷列夫(D. I. Mendeleev, 1834~1907) 俄国化学家，周期表的发现者。

门捷列夫在尚库尔图瓦、奥德林、迈尔、纽兰兹、欣里希斯等科学家所列的元素表的基础上，加上他自己在实验中的各种感性材料、寻找的元素的准确原子量，经过他聪明的大脑苦苦探索元素的原子量和元素性质之间的关系规律，取得了突破性进展，完成了从感性认识到理性认识的飞跃：1868年《化学原理》

222(−3) $H_3AsO_4+2H^+ \longrightarrow HAsO_2$ 0.56
1250年

198(−2) H_2SeO_3 …
1817年

195(−1) $Br_2(l)+2e \longrightarrow 2Br^-$ 1.07…
1824年

1898年
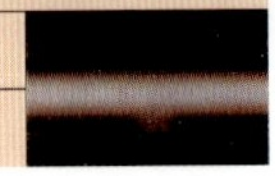

L 8
K 2

121.760(1) 6.684 630.74 1587 18.20
[Kr]$4d^{10}5s^25p^3$
19.8 209 39.0 3.0~3.3 2.05 834 101
锑Sb 51
143.9 140 62(+5) 90(+3)
Antimony
3,5,-3
$H_3SbO_4+2H^+ \longrightarrow H_3SbO_3$ 0.75
古代

127.60(3) 6.24（晶） 449.5 988 20.48
[Kr]$4d^{10}5s^25p^4$
17.8 201 (5.8~33)×10^3 2.25 2.1 869.3 190.1
碲Te 52
137 135 56(+6) 221(−2)
Tellurium
4,6,-2
$TeO_4^{2-}+2H^+ \longrightarrow TeO_3^{2-}$ 0.892
1782年

126.90447(3) 4.93 113.6 184.4 25.74
[Kr]$4d^{10}5s^25p^5$
15.6(I_2) 125 1.3×10^{15} 0.8 2.96 1008.4 295
碘I 53
133.3 50(+7) 216(−1)
Iodine
-1,5,7,1
$I_2 \longrightarrow 2I^-$ 0.536
1811年

131.293(6) 5.887(g) −111.9 −107.1 42.9
[Kr]$4d^{10}5s^25p^6$
2.30 159 — 2.6 1170.4 (−40)
氙Xe 54
209 131 190(+1) —
Xenon
4,2,6,8
$H_4XeO_6+2H^+ \longrightarrow XeO_3$ 3.0
1898年
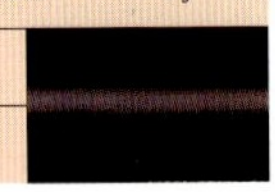

O 8
N 18
M 18
L 8
K 2

208.98040(1) 9.80 271.3 1560 21.32
[Xe]$4f^{14}5d^{10}6s^26p^3$
11.0 121 106.8 2.25 2.02 703 101
铋Bi 83
160 146 74(+5) 96(+3)
Bismuth
3,5
$BiO^++2H^+ \longrightarrow Bi$ 0.320
1753年

[209] 9.40(β) 254 962 22.7
[Xe]$4f^{14}5d^{10}6s^26p^4$
— 126 — — 2.0 812.1 176
钋Po 84
200 146 56(+6) 65(+4)
Polonium
4,2,3,6,-2
$Po^{4+} \longrightarrow Po$ 0.775
1898年

[210] — 302 370 —
[Xe]$4f^{14}5d^{10}6s^26p^5$
114 — — — 2.2 270
砹At 85
— 127 51(+7) 227(−1)
Astatine
-1,0,5,7,1,3
$AtO_3^- \longrightarrow AtO^- + 4OH^-$ 0.5
1940年

[222] 9.73(g) −71 −61.6 —
[Xe] $4f^{14}5d^{10}6s^26p^6$
3.247 92 — — 2.2 1037 (−41)
氡Rn 86
— 150 — —
Radon
4,2
1910年
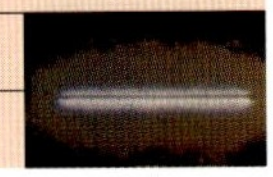

P 8
O 18
N 32
M 18
L 8
K 2

---

[289]
[Rn]$5f^{14}6d^{10}7s^27p^3$
115镆Mc
Moscovnium
2,4
初次合成的核反应
$^{243}_{95}Am(^{48}_{20}Ca, 3^1_0n,4^1_0n)^{287,288}_{115}Mc$
2004年

[293]
[Rn]$5f^{14}6d^{10}7s^27p^4$
116鉝Lv
Livermorium
初次合成的核反应
$^{248}_{96}Cm(^{48}_{20}Ca, 3^1_0n)^{293}_{116}Lv$
2000年

[293]
[Rn]$5f^{14}6d^{10}7s^27p^5$
117鿬Ts
Tennessium
2,4
初次合成的核反应
$^{249}_{97}Bk(^{48}_{20}Ca, 3^1_0n,4^1_0n)^{294,293}_{117}Ts$
2010年

[294]
[Rn]$5f^{14}6d^{10}7s^27p^6$
118鿫Og
Oganesson
初次合成的核反应
$^{249}_{98}Cf(^{48}_{20}Ca, 3^1_0n)^{294}_{118}Og$
2002年

167.259(3) 9.051 1522 2510 18.49
[Xe]$4f^{12}5d^06s^2$
17.1 167 87 — 1.2 589.3 —
铒Er 68
175.7 157 88(+3) —
Erbium
3
$Er^{3+} \longrightarrow Er$ −2.296
1843年

168.93422(2) 9.332 1545 1727 18.12
[Xe]$4f^{13}5d^06s^2$
18.4 159 79.0 — 1.2 596.7 —
铥Tm 69
174.6 156 87(+3) 94(+2)
Thulium
3,2
$Tm^{3+} \longrightarrow Tm$ −2.278
1879年

173.045(10) 6.977(α) 824 1193 24.84
[Xe]$4f^{14}5d^06s^2$
9.2 146 30 — 1.1 603.4 —
镱Yb 70
194.0 — 86(+3) 113(+2)
Ytterbium
3,2
$Yb^{3+} \longrightarrow Yb$ −2.267
1878年

174.9668(1) 9.842 1656 3315 17.79
[Xe]$4f^{14}5d^16s^2$
19.2 155 79.0 ~5 1.2 523.5 —
镥Lu 71
173.4 156 85(+3) —
Lutetium
3
$Lu^{3+} \longrightarrow Lu$ −2.255
1907年

---

[257]
[Rn]$5f^{12}6d^07s^2$
627
镄Fm 100
Fermium
3,2
97(+3) 115(+2)
$Fm^{3+} \longrightarrow Fm^{2+}$ −1.3
1952年

[258]
[Rn]$5f^{13}6d^07s^2$
635
钔Md 101
Mendelevium
3,2,1
96(+3) 114(+2)
$Md^{3+} \longrightarrow Md^{2+}$ −0.12
1955年

[259]
[Rn]$5f^{14}6d^07s^2$
642
锘No 102
Nobelium
3,2
95(+3) 113(+2)
$No^{3+} \longrightarrow No^{2+}$ 1.48
1958年

[262]
[Rn]$5f^{14}6d^17s^2$
470
铹Lr 103
Lawrencium
3,4
94(+3) 112(+2)
$Lw^{4+} \longrightarrow Lw^{3+}$ 1.9
1961年

一书的写作成了他发现元素周期表的先声（图8）[23]，进行了“在原子量和化学性质相似性基础上构筑元素体系的尝试”；1869年2月17日，做成了最初的元素周期表（图9，表6），发表了第一篇论文[24]，明确地使用周期性一词；1869 年8 月，在科学院的研究报告中讨论了周期表上元素的位置与原子体积之间的关系[25]并在《化学原理》第二版中出现了第二张元素周期表(表7)[26]；接着，他将研究工作系统地整理了4篇论文[27-30]，并根据这些成果完成了《化学原理》全书的编著[23,26,31,32]。及至1906年，他又发表了5张元素周期表(表8~表12)。因此，说门捷列夫获得发现元素周期表的崇高荣誉是实至名归和不容怀疑的。

[23] Mendeleev D I. The Principles of Chemistry.1st volume (part 1, chapters 1-11), London: Longmans, 1868.
[24] Mendeleev D I. Zhur Russ Khim Obshch, 1869, 1: 60.
[25] Mendeleev D I. Concerning the atomic volumes of simple bodies, Arzt Naturf : Arb, II Kongr. Russ, 1869.
[26] Mendeleev D I. The Principles of Chemistry, 2nd volume (part 1, chapters 12-22). London: Longmans, 1869.
[27] Mendeleev D I. Bulletin de l'Académie impériale des sciences de St. Pétersbourg, 1871, 16: 45.
[28] Mendeleev D I. Zhur Russ Khim Obshch, 1871, 3: 25.
[29] Mendeleev D I. Ber Deut Chem Ges, 1871, 4:348.
[30] Mendeleev D I. Ann der Chem und Pharm, 1871, 8: 133.
[31] Mendeleev D I. The principles of chemistry. 3rd volume (part 2, chapters 1-8).London: Longmans 1870.
[32] Mendeleev D I. The principles of chemistry. 4th & 5th volume (part 2, chapters 9-23). London: Longmans 1871.

图8　1868年手稿

表8　元素周期表(1871)

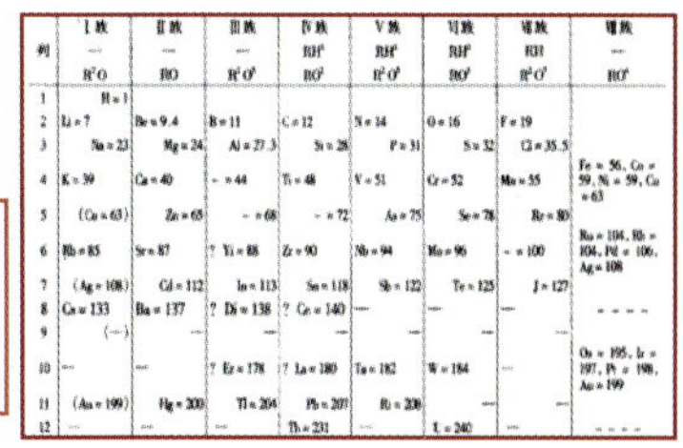

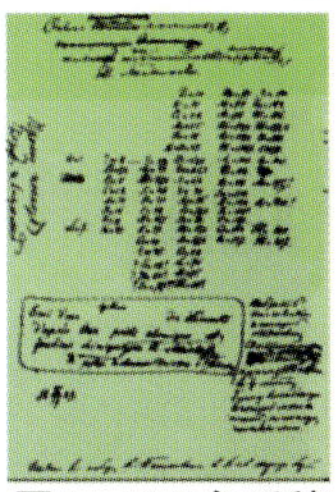
图9　1869年手稿

表6　第一张周期表(1869)

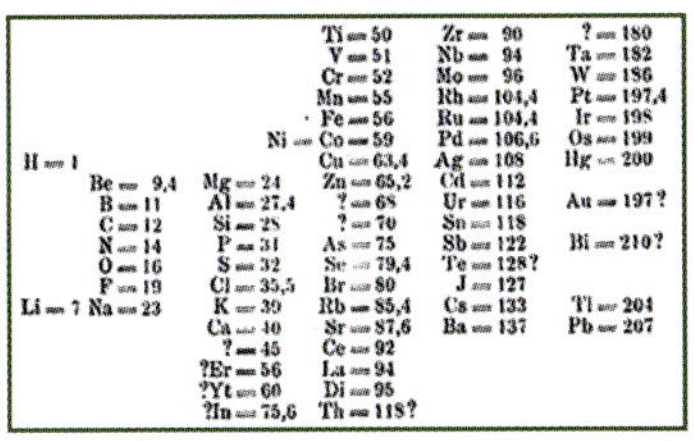

表7　第二张元素周期表(1869)

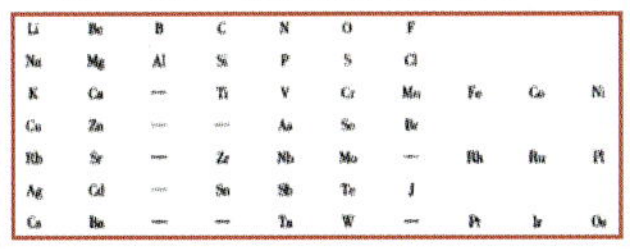

表11　1906年的元素周期表

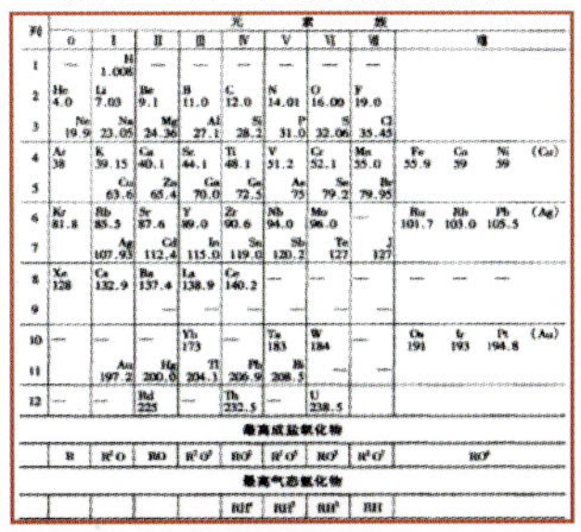

表12　1906年的另一形式周期表

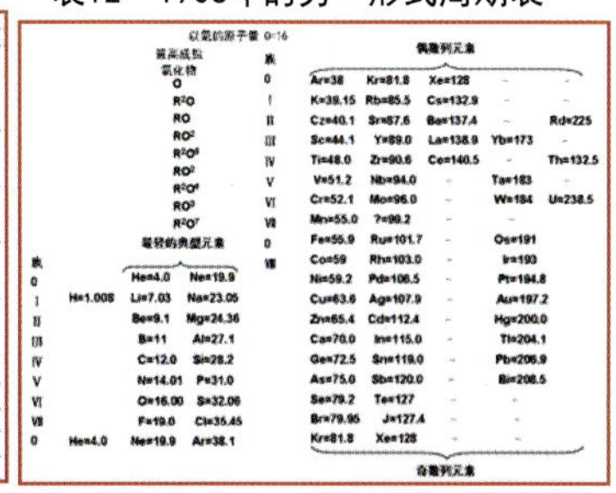

表9　另一种形式（1871）

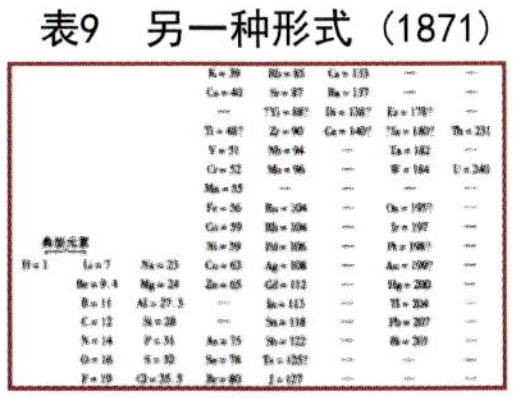

表10　1879年的元素周期表

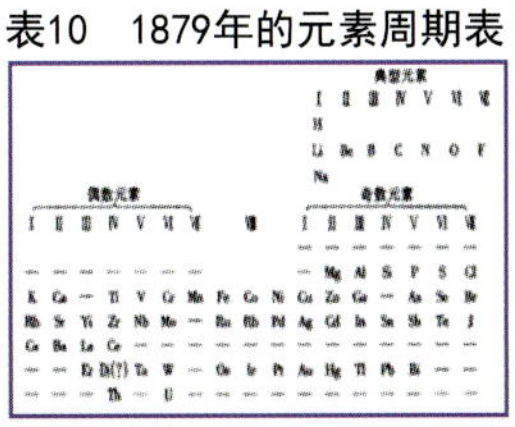

3 发展

自门捷列夫1869年的元素周期表出现至今，约有700多个不同版本出版。除了众多矩形变化的形式外，其他像一个圆环、立方体、圆柱、楼房、螺旋形、双纽线、八角形的棱镜、金字塔、球体或三角形的应有尽有[33-42]。这些替代品的开发往往是为突出或强调元素的化学或物理性质，没有传统元素周期表展现元素性质规律的明显特点（图10）。无机化学家的周期表强调趋势、模式和不寻常的化学关系和属性[43]。

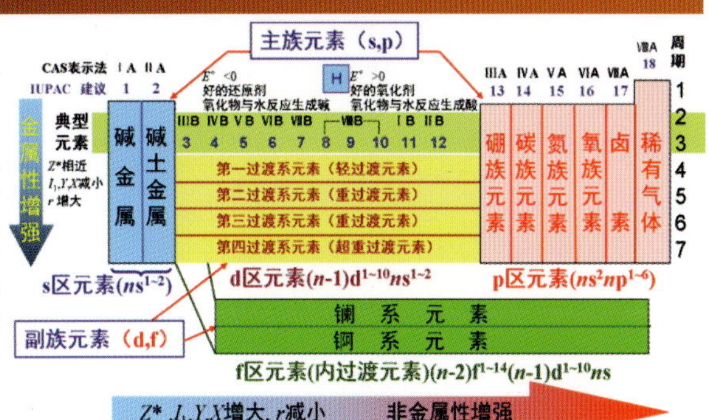

图10　元素性质在周期表中展现的规律

[33] Clark J D. Science, 1950, 111: 661.
[34] Sanderson R T. J Chem Edu, 1954, 31(9): 481.
[35] Mazurs E G. Graphic Representations of the Periodic System During One Hundred Years, Tuscaloosa: University of Alabama Press. 1955.
[36] Gooch F A.,Walker C F. Outlines of Inorganic Chemistry, London: Macmillan, 1905.
[37] Grigorovich V K. Periodic Law of Mendeleev and Electronic Structure of Metals, Moscow: Nauka Publ, 1966.
[38] Edward G. Mazurs Graphic Representations of the Periodic System During One Hundred Years. 2nd edition.Tuscaloosa: University of Alabama Press: 1974.
[39] Clark J O E. Chemistry. Middlesex: Feltham, 1982.
[40] Manner A T. The Divine Plot: Astrology, Reincarnation, Cosmology and History, London: George Allen & Unwin, 1986.
[41] Hackh I. Das Synthetisches System der Atome. Hamburg: Hephaestos, 1914.
[42] Monroe C J. Turner W D. J Chem Edu, 1926, 3: 1058.
[43] Quam G N. Quam M B. J Chem Edu, 1934, 11: 288.

2(+2) Ni^{2+} — Ni −0.250
1751年

96(+1) Cu^{2+} — Cu 0.337
古代

88(+1) Zn^{2+} — Zn −0.763
古代

81(+1) Ga^{3+} — Ga
1875年

70(+2) GeO_2+4H — Ge
1886年

钯Pd 46
106.42(1) [Kr]$4d^{10}$
2.02 / 1552 / 2963 / 3.87
17 / 243 / 10.8 / 4.8 / 2.2 / 804.4 / —
37.6 / 139 / 84(+4) / 86(+2)
Palladium 2,4,3,0
Pd^{2+} — Pd 0.987
1803年

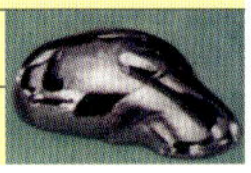

银Ag 47
107.8682(2) [Kr]$4d^{10}5s^1$
10.50 / 961.83 / 2162 / 10.27
11.3 / 234 / 1.50 / 2.5~3 / 1.9 / 731 / —
144.4 / 145 / 97(+2) / 126(+1)
Silver 1,2
Ag^{+} — Ag 0.799
古代

镉Cd 48
112.414(4) [Kr]$4d^{10}5s^2$
8.642 / 320.9 / 765 / 13.01
6.11 / 230 / 6.83 / 2.0 / 1.7 / 867.8 / (−58)
148.9 / 148 / 97(+2) / 114(+1)
Cadmium 2,1
Cd^{2+} — Cd −0.403
1817年

铟In 49
114.818(1) [Kr]$4d^{10}5s^25p^1$
7.30 / 156.61 / 2080 / 15.74
3.26 / 238 / 8.19 / 1.2 / 1.7 / 558.3 / —
155 / 144 / 81(+3) / 132(+1)
Indium 3,1
In^{3+} — In −0.343
1863年

锡Sn 50
118.710(7) [Kr]$4d^{10}5s^25p^2$
5.75(α) / 231.968 / 2602 / 20.6(α)
7.20 / 218(白) / 11.4 / 1.5~1.8 / 1.96 / 708.6 / 121
140.5 / 141 / 71(+4) / 102(+2)
Tin 4,2
Sn^{4+} — Sn^{2+} 0.151
古代

铂Pt 78
195.084(9) [Xe]$4f^{14}5d^96s^1$
21.45 / 1772 / 3827 / 9.10
22 / 134 / 10.6 / 4.3 / 2.2 / 880 / 205.3
138.8 / 130 / 70(+4) / 85(+2)
Platinum 4,2,3,0,5,6
Pt^{2+} — Pt 1.2
1735年

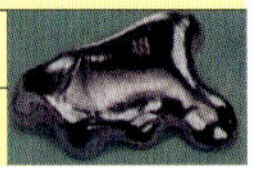

金Au 79
196.966569(5) [Xe]$4f^{14}5d^{10}6s^1$
19.3 / 1064.43 / 2807 / 10.22
12.7 / 130 / 2.4 / 2.5 / 2.4 / 890.1 / 222.7
144.2 / 134 / 91(+3) / 137(+1)
Gold 3,1
Au^{3+} — Au 1.498
古代

汞Hg 80
200.592(3) [Xe]$4f^{14}5d^{10}6s^2$
13.593 / −38.87 / 356.58 / 14.82(1)
2.3 / 138 / 95.8 / — / 2.0 / 1007.1 / —
151 / 132 / 110(+2) / 127(+1)
Mercury 2,1
Hg^{2+} — Hg 0.854
古代

铊Tl 81
204.38 [Xe]$4f^{14}5d^{10}6s^26p^1$
11.85 / 303.5 / 1457 / 17.25
4.27 / 130 / 18.0 / 1.2 / 1.62 / 589.4 / 51
190 / 148 / 95(+3) / 144(+1)
Thallium 1,3
Tl^{3+} — Tl 1.25
1861年

铅Pb 82
207.2(1) [Xe]$4f^{14}5d^{10}6s^26p^2$
11.343 / 327.502 / 1740 / 18.27
4.799 / 130 / 20.648 / 1.5 / 2.33 / 715.6 / 101
175.0 / 147 / 84(+4) / 120(+2)
Lead 2,4
PbO_2+4H^+ — Pb^{2+} 1.455
古代

𫟼Ds 110
[281] [Rn]$5f^{14}6d^87s^2$
27.4
955.2
46
Darmstadtium 4,6
初次合成的核反应
$^{208}_{82}Pb(^{62}_{28}Ni,^1_0n)^{269}_{110}Ds$
1994年

𬬭Rg 111
[281] [Rn]$5f^{14}6d^97s^2$
24.4
1022.7
152
Roentgenium 3,5
初次合成的核反应
$^{209}_{83}Bi(^{64}_{28}Ni,^1_0n)^{272}_{111}Rg$
1994年

鎶Cn 112
[285] [Rn]$5f^{14}6d^{10}7s^2$
16.8
1154.9
160
Copernicium 2,4
初次合成的核反应
$^{208}_{82}Pb(^{70}_{30}Zn,^1_0n)^{277}_{112}Cn$
1996年

鉨Nh 113
[286] [Rn]$5f^{14}6d^{10}7s^27p^1$
Nihonium 2,4
初次合成的核反应
$^{243}_{95}Am(^{48}_{20}Ca,4^1_0n,3^1_0n)^{288,287}_{115}Uup \xrightarrow{\alpha} {}^{284,283}_{113}Nh$
2003年

𫓧Fl 114
[289] [Rn]$5f^{14}6d^{10}7s^27p^2$
Flerovium
初次合成的核反应
$^{244}_{94}Pu(^{48}_{20}Ca,3^1_0n)^{289}_{114}Fl$
1999年

铕Eu 63
151.964(1) [Xe]$4f^75d^06s^2$
5.259 / 826 / 1596 / 28.98
9.6 / 138 / 90.0 / — / 1.1 / 547.1 / —
198.3 / 185 / 95(+3) / 112(+2)
Europium 3,2
Eu^{3+} — Eu^{2+} −2.407
1901年

钆Gd 64
157.25(3) [Xe]$4f^75d^16s^2$
7.895 / 1312 / 3233 / 19.91
10.05 / 234 / 140.5 / — / 1.2 / 593.4 / —
180.2 / 161 / 94(+3) / —
Gadolinium 3
Gd^{3+} — Gd −2.397
1880年

铽Tb 65
158.92535(2) [Xe]$4f^95d^06s^2$
8.272 / 1356 / 3230 / 19.2
10.15 / 184 / 114 / — / 1.2 / 565.8 / —
178.2 / 194 / 84(+4) / 92(+3)
Terbium 3,4
Tb^{3+} — Tb −2.391
1842年

镝Dy 66
162.500(1) [Xe]$4f^{10}5d^06s^2$
8.550 / 1407 / 2567 / 19.01
11.06 / 172 / 57.0 / — / 1.22 / 573 / —
177.3 / 159 / 91(+3) / —
Dysprosium 3
Dy^{3+} — Dy −2.253
1886年

钬Ho 67
164.93033(2) [Xe]$4f^{11}5d^06s^2$
8.803 / 1461 / 2720 / 18.75
11.76 / 163 / 87.0 / — / 1.2 / 581 / —
247 / 158 / 89(+3) / —
Holmium 3
Ho^{3+} — Ho −2.319
1879年

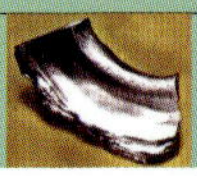

镅Am 95
[243] [Rn]$5f^76d^07s^2$
13.67 / 1176 / 2607 / 17.63
— / 140 / — / — / 1.3 / 578 / —
184 / 173 / 89(+4) / 99(+3)
Americium 3,2,4,5,6
Am^{3+} — Am −2.32
1944年

锔Cm 96
[247] [Rn]$5f^76d^17s^2$
13.51 / 1340 / 3110 / —
— / — / — / — / 1.3 / 581 / —
174 / 169 / 88(+4) / 99(+3)
Curium 3,4
Cm^{3+} — Cm −2.29
1944年

锫Bk 97
[247] [Rn]$5f^96d^07s^2$
14.79 / 1259 / — / —
— / — / — / — / 1.3 / 601 / —
170 / — / 87(+4) / 98(+3)
Berkelium 3,4
Bk^{4+} — Bk^{3+} 1.68
1949年

锎Cf 98
[251] [Rn]$5f^{10}6d^07s^2$
15.10 / 900 / — / —
— / — / — / — / 1.3 / 608 / —
169 / — / 98(+3) / 117(+2)
Californium 3,2,4
Cf^{3+} — Cf −2.28
1950年

锿Es 99
[252] [Rn]$5f^{11}6d^07s^2$
8.84 / 860 / — / —
— / — / — / — / — / 619 / —
203 / — / 98(+3) / 116(+2)
Einsteinium 3,2
Es^{3+} — Es^{2+} −1.57
1952年

(+3) ... 1.031
…31年

64(+3) $Cr_2O_7^{2-}+14H^+ \longrightarrow 2Cr^{3+}$ 1.33
1797年 α γ

80(+2) $MnO_4^-+8H^+ \longrightarrow Mn^{2+}$ 1.51
1774年

76(+2) $Fe^{3+} \longrightarrow Fe^{2+}$ 0.771
古代

74(+2) $Co^{3+} \longrightarrow Co^{2+}$ 1.808
1735年 α

…90637(2) 27
…57 264
…68 12.5
…42 6.0
…8 1.6
652.1
—
[Kr]$4d^45s^1$
41 铌Nb
Niobium
5,4,3,2,-1
…2.9
…4
(+5)
(+4)
$Nb_2O_5+2H^+ \longrightarrow 2NbO_2$ -0.289
…801年

95.95(1) 37.48
10.2 251
2617 5.2
4612 5.5
9.39 2.16
684.3
96
[Kr]$4d^55s^1$
42 钼Mo
Molybdenum
6,5,4,3,0,1,±2
154
130
62(+6)
66(+4)
$MoO_4^{2-}+6H^+ \longrightarrow Mo^{3+}$ 0.20
1782年 *

[97] 33.29
11.487 243
2172 8.6
4265 —
— 1.9
702
—
[Kr]$4d^55s^2$
43 锝Tc
Technetium
2,4,5,6,0,±1,2,3
135.8
147
58(+7)
95(+2)
$TcO_4^-+4H^+ \longrightarrow TcO_2$ 0.738
1937年

101.07(2) 38.59
12.30 238
2334 7.6
4150 6.5
8.27 2.2
710.2
—
[Kr]$4d^75s^1$
44 钌Ru
Ruthenium
4,3,2,6,8,5,7
132.5
146
54(+8)
77(+3)
$RuO_2+4H^+ \longrightarrow Ru$ 0.79
1844年

102.90550(2) 26.59
12.41 243
1966 4.51
3695 6
8.29 2.2
719.7
—
[Kr]$4d^85s^1$
45 铑Rh
Rhodium
3,4,2,0,±1
134.5
142
67(+4)
75(+3)
$RhO^{2+}+2H^+ \longrightarrow Rh^{3+}$ 1.4
1803年

…0.94788(2) 31.6
…60 138
…17 12.45
…58 6.5
…9 1.5
761
—
[Xe]$4f^{14}5d^36s^2$
73 钽Ta
Tantalum
5,4,3,2,-1
…3
…4
(+5)
$Ta_2O_5+10H^+ \longrightarrow 2Ta$ -0.812
…802年

183.84(1) 35.3
19.35 134
3410 5.56
5660 7.5
9.55 1.7
770
—
[Xe]$4f^{14}5d^46s^2$
74 钨W
Tungsten
6,5,4,3,0,1,±2
137
162
65(+6)
68(+4)
$WO_3+6H^+ \longrightarrow W$ -0.090
1783年

186.207(1) 60.43
21.04 138
3180 19.3
5627 7
8.87 1.9
760
15
[Xe]$4f^{14}5d^56s^2$
75 铼Re
Rhenium
7,4,6,5,3,2,±1,0
137.0
151
60(+7)
72(+4)
$ReO_4^-+8H^+ \longrightarrow Re$ 0.362
1908年

190.23(3) 57.85
22.48 130
3045 9.5
5027 7.0
8.38 2.2
840
—
[Xe]$4f^{14}5d^66s^2$
76 锇Os
Osmium
4,8,6,2,3,5
134
144
53(+8)
65(+4)
$OsO_4+8H^+ \longrightarrow Os$ 0.85
1803年

192.217(3) 41.12
22.421 134
2410 5.3
4428 6.5
8.53 2.2
880
—
[Xe]$4f^{14}5d^76s^2$
77 铱Ir
Iridium
4,3,2,6,0
135.7
141
64(+4)
73(+3)
$IrCl_6^{3-} \longrightarrow Ir+6Cl^-$ 0.77
1803年

…70] —
…6 —
—
—
—
595.8
—
[Rn]$5f^{14}6d^37s^2$
105 𨧀Db
Dubnium
5
…3
初次合成的核反应
$^{243}_{95}Am(^{22}_{10}Ne, 5^1_0n)^{260}_{105}Db$
—
…968年

[269] —
23.2 —
— —
— —
757.4
—
[Rn]$5f^{14}6d^47s^2$
106 𨭎Sg
Seaborgium
6,4
132
143
—
初次合成的核反应
$^{249}_{98}Cf(^{18}_{8}O, 4^1_0n)^{263}_{106}Sg$
—
1974年

[270] —
27.2 —
— —
— —
742.9
—
[Rn]$5f^{14}6d^57s^2$
107 𨨏Bh
Bohrium
7,6,5
128
141
—
初次合成的核反应
$^{208}_{83}Bi(^{54}_{24}Cr, ^1_0n)^{262}_{107}Bh$
—
1981年

[270] —
28.6 —
— —
— —
733.3
—
[Rn]$5f^{14}6d^67s^2$
108 𨭆Hs
Hassium
8,6,4
126
134
—
初次合成的核反应
$^{208}_{82}Pb(^{58}_{26}Fe, ^1_0n)^{265}_{108}Hs$
—
1984年

[278] —
28.2 —
— —
— —
800.8
—
[Rn]$5f^{14}6d^77s^2$
109 鿏Mt
Meitnerium
6,4
144
—
—
初次合成的核反应
$^{209}_{83}Bi(^{58}_{26}Fe, ^1_0n)^{266}_{109}Mt$
—
1982年

…0.116(1) 5.46
…757 (β) 184
…8 75.0
…26 2.5
…40 1.1
534.4
—
[Xe]$4f^15d^16s^2$
58 铈Ce
Cerium
3
…5
…4
(+4)
(+3)
$Ce^{4+} \longrightarrow Ce^{3+}$ -2.483
…03年 α

140.90766(2) 6.89
6.78 (α) 192
935 68
3520 —
20.81 1.1
527
—
[Xe]$4f^35d^06s^2$
59 镨Pr
Praseodymium
3,4
182.8
165
90(+4)
101(+3)
$Pr^{3+} \longrightarrow Pr$ -2.462
1885年 α

144.242(3) 7.14
7.007 188
1024 64.0
3027 —
20.60 1.14
533.1
—
[Xe]$4f^45d^06s^2$
60 钕Nd
Neodymium
3,2,4
182.1
201
106(+3)
—
$Nd^{3+} \longrightarrow Nd$ -2.431
1885年

[145] —
7.26 184
1042 —
3000 —
20.0 1.13
540
—
[Xe]$4f^55d^06s^2$
61 钷Pm
Promethium
3
181.0
199
98(+3)
—
$Pm^{3+} \longrightarrow Pm$ -2.423
1942年

150.36(2) 8.63
7.536 197
1072 88.0
1778 —
19.95 1.77
198 544.5
—
[Xe]$4f^65d^06s^2$
62 钐Sm
Samarium
3,2
180.2
96(+3)
111(+2)
$Sm^{3+} \longrightarrow Sm$ -2.414
1879年

…0377(4) 13.81
…1 113
…2 13.4
…00) 3.0
1.3
587
—
[Rn]$5f^06d^27s^2$
90 钍Th
Thorium
4,3
…8(α)
+4)
(+3)
$Th^{4+} \longrightarrow Th$ -1.899
…29年

231.03588(2) 12.34
15.37 121
1567 —
(4027) —
15.0 1.5
568
—
[Rn]$5f^26d^17s^2$
91 镤Pa
Protactinium
5,3,4
163
200
105(+3)
96(+4)
$PaO_2^++4H^+ \longrightarrow Pa$ -1.0
1917年

238.02891(3) 9.14
19.050(α) 117
1132.3 30.0
4131 2.5
12.5 1.7
597.6
—
[Rn]$5f^36d^17s^2$
92 铀U
Uranium
6,4,3,5
156
196
83(+6)
93(+4)
$U^{4+} \longrightarrow U^{2+}$ -0.607
1789年 α

[237] —
20.45(α) —
640 —
3902 —
21.1 1.3
604.5
—
[Rn]$5f^46d^17s^2$
93 镎Np
Neptunium
5,3,4,6,7
155
190
92(+4)
101(+3)
$Np^{3+} \longrightarrow Np$ -1.856
1940年 α

[244] —
19.86(α) —
640 141.4
3232 —
— 1.3
584.7
—
[Rn]$5f^66d^07s^2$
94 钚Pu
Plutonium
4,3,5,6,7
151(γ)
—
90(+4)
100(+3)
$Pu^{4+} \longrightarrow Pu^{3+}$ 1.017
1940年

这里说的“发展”，着重指门捷列夫元素周期律和周期表对新元素不断发现和合成的包容，新的科学成果使其逐步地更加完善；同时，对门捷列夫元素周期律和周期表也进行了一次次的肯定。

1896年

威廉·拉姆赛(W. Ramsay, 1852~1916) 英国化学家，发现稀有气体的功勋科学家。

在门捷列夫发现周期表时，还没有一种稀有气体被发现。因此，1871年门捷列夫的周期表（表8）里没有能够预言这些元素的存在。1894年拉姆赛在一篇题为“周期律和惰性气体的发现”的文章中曾预言在氦和氩之间，存在具有原子量20的一个元素，还预言存在具有原子量82和129两个相似的气体元素[44]。据此，1896年，拉姆赛排出了一个部分元素周期表（表13）。后来的发现证实了这一点。完整的新族形成了，由于其当年的“惰性”而被排在了第7族之后的“零族元素”。

表19 拉姆赛的元素周期表

氢	1.01	氦	4.2	锂	7.0
氟	19.0	?	20	钠	23.0
氯	35.5	氩	39.9	钾	39.1
溴	79.0	?	82	铷	85.5
碘	126.0	?	129	铯	132.0
?	169.0			?	170.0

[44] Ramsay W. Proce Royal Soc London. 1894, 57: 265.

1913年

亨利·格温·杰弗里斯·莫塞莱(H. G. J. Moseley, 1887~1915) 卢瑟福的学生，英国物理学家。

1913年莫塞莱研究X射线光谱时发现，以不同元素作为产生X射线的靶时，所产生的特征X射线的波长λ不同。他将各种元素按所产生的特征X射线的波长排列后，发现其次序与元素周期表中的次序一致（图11），他称这个次序为原子序数（以Z表示）[45]。他还发现Z值与λ之间的经验公式：

$$\sqrt{(1/\lambda)} = a(Z-b)$$

原子序数的发现，真正揭露了元素周期律的本质：“元素性质是其原子序数的周期函数”，并解决了门捷列夫周期律中按原子量递增顺序排列有三处位置颠倒的问题。[45] Mosely H G J. Phil Mag, 1913, 26: 1024.

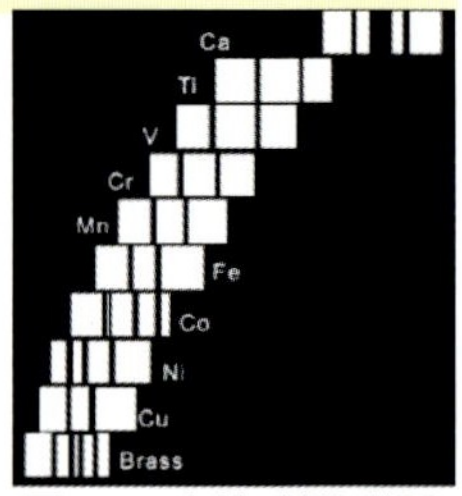

图11 元素的X射线谱图

1921年

尼尔斯·玻尔(N. Bohr，1885~1962) 著名的丹麦物理学家，近代原子物理学的重要奠基人。

在1869年门捷列夫的第一张元素周期表里没有能够、也不可能把稀土元素排放在正确的位置上。虽然在1882年布劳纳[46]、1892年巴塞特[47]、1895年汤姆森[48]、拉特格斯[49]以及1905年维纳尔[50]等众多科学家排列的元素周期表中列出了一些稀土元素的位置，但因15个镧系元素并未全部发现，因此镧系元素的总数也就没有能确定，在周期表中位置也没有被确定，周期表也没有因为大多数镧系元素的发现而发展。直到1921年，玻尔和其他一些科学家们对多种元素光谱的研究，提出了电子在原子核外排布的一些规则[51,52]，建立了近代原子结构理论，又充分考虑到镧系元素性质的如此相似，才建立了镧系理论，确定了镧系元素的数目和在周期表中应占的位置，再次解决了元素周期表中出现的矛盾，再次推动元素周期表向前发展。

[46] Brauner B. Chem Ber, 1882, 15: 15.　[47] Basset H. Chem News, 1892, 65: 3.　[48] Thomsen J Z. Anorg Chem, 1895, 9: 190.
[49] Retgers J W Z. Phys Chem, 1895, 16: 644.　[50] Werner A. Ber, 1905, 38: 914.　[51] Bohr N. Nature, 1921, 107: 104.
[52] Kramers H. The Atom and the Bohr Theory of Its Structure.London: Gyldendal, 1923.

1939年

莱纳斯·卡尔·鲍林(L. C. Pauling，1901~1994) 美国著名化学家，两次诺贝尔奖获得者。

当原子结构特别是电子在原子核外排布的状态被确定后[53-60]，人们对元素周期律本质的认识更深入了：元素的周期性完全与核外电子层的周期性一致（图12），深刻而准确地反映了原子的微观结构。进一步使周期律更加完善，元素周期表构筑了元素自然分类的完整体系。

[53] Bohr N. Phil Mag, 1913: 26: 1.　[54] Broglie L. Nature, 1923, 112: 540.
[55] Schrödinger E. Phys Rev, 1926, 28(6): 1049.　[56] Heisenberg W. Zeit für Phys, 1927, 43: 172.

[57] Hund F. Linienspektren und periodisches System der Elemente, Berlin: Springer, 1927.
[58] Pauling L. The Nature of the Chemical Bond and the Structure of Molecules and Crystals. New York: Cornell University press, 1939.
[59] Jung C G. Pauli W E. The Interpretation of Nature and the Psyche, New York: Pantheon Books, 1955.
[60] Cotton F A. Wilkinson G. Basic Inorganic Chemistry, New York: John Wiley, 1976.

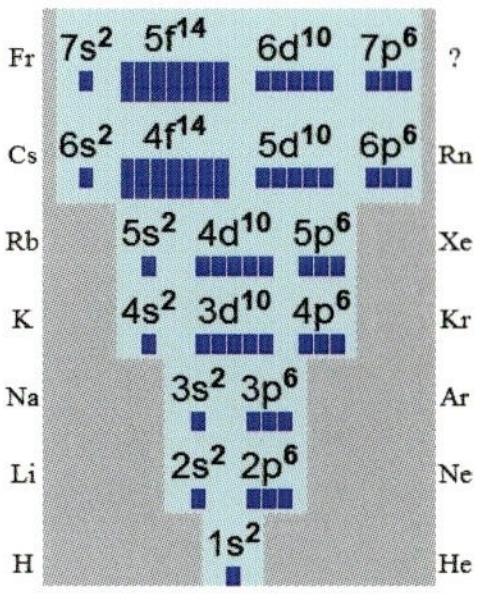

图12 原子结构的周期性

1945年

格伦•西奥多•西博格（G. T. Seaborg，1912~1999） 美国核化学家，锕系理论和稳定岛的提出者。

1945年西博格根据重元素的电子结构提出了锕系理论[61]，即在周期表中存在着与镧系元素位置相似的另一系列重内过渡元素：锕系元素。这一理论使近代周期表趋于完整，并为后来逐一合成人工超铀元素指明了方向。

[61] Seaborg G T. Chem Eng News, 1945, 23: 2190.

4 展望

超重元素(superheavy elements) 指原子序数大于等于104 [62]的元素，它们的6d亚层被填入电子。对超重元素进行合成方面的研究有助于探索原子核质量存在的极限，最终确定化学元素周期表的边界，同时也是对原子核壳模型理论正确与否的实际检验。根据核结构的“液滴模型”[63-65]，当质子增加时核内的凝聚力不再能平衡Coulomb斥力，重元素的稳定性降低，原子核迅速分裂，形成了一个不稳定的核素海洋。然而，按原子核“壳层模型”[66-69]预期，一个后于双幻数铅同位素^{208}Pb的第二个闭合双壳层应出现在质子数114、中子数184处[70]，远远超过“液滴模型”的不稳定区域。Myers 和Swialeeki [71]首先用半经验公式讨论了这个区域的宏观稳定性；Nilsson用计算变形核能级方法改进了理论模型并提出宏观-微观理论[72]；在此基础上，Strutinski等进行了新的理论计算，并将壳层效应附加于原子核液滴模型理论[73]。1967年，科学家们预言在闭合双壳层Z=114 和N=184 附近存在一个超重核素的“稳定岛”(island of stability，图13）[74]。理论上超重核素的半衰期最长可达10^{15}年。为了跨过不稳定核素的“海洋”真正登上“稳定岛”，科学家采用重离子作为入射粒子有效地引发合适的核反应。现在，104~118号元素皆已被成功合成出，并得到了IUPAC的承认和命名[75-80]，七个周期的元素周期表已完整了。但是，确切地说目前只是刚刚踏上超重元素“稳定岛”的边缘地带，还没有完全进入“稳定岛”。一个带有幻想式的大远景周期表中包含了218 种元素（图14）。

[62] IUPAC. Nomenclature of Inorganic Chemistry, Recommendations. 2004.Oxford: Blackwell, 2004.
[63] Garmow G. Zeit F Phys, 1928, 51: 204.
[64] Wheeler J A. Phys Rev, 1938, 53(10): 778.
[65] Bohr N. Wheeler J A. Phys Rev, 1939, 56(5): 426.
[66] Mayer M G. Phys Rev, 1948, 74(3): 235.
[67] Mayer M G. Phys Rev, 1950, 78(1): 16.
[68] Haxel O. Jensen J H D. Phys Rev, 1949, 75(11): 1766.
[69] Marie G. Jensen J H D. Elementary Theory of Nuclear Shell Structure. New York: Wiley, 1955.
[70] Meldner H. Ark Fysjk, 1967, 36: 593.
[71] Myers S D. Swialeeki W J. Nucl Phys, 1966, 81: 1.
[72]Nilsson S G. Nix J R. Sobiczewski A. Nucl Phys, 1968, A115: 543.
[73] Strutinski V M. Nucl. Phys, 1967, A95: 420.
[74] Seaborg G T. J Chem Edu, 1969, 46, 626.
[75] Burrows H. Weir R. Stohner J. Pure Appl Chem, 1994, 66(12): 2419.
[76] Corish J. Rosenblatt G M. Pure Appl Chem, 2003, 75(10): 1613.
[77] Tatsumi K. Corish J. Pure Appl Chem, 2010, 82(3): 753.
[78] Loss R D. Corish J. Pure Appl Chem, 2012, 84(7): 1669.
[79] Karol P J. Barber R C. Sherrill B M. Vardaci E. Yamazaki T. J. Pure Appl Chem, 2016, 88(1-2): 139.
[80] Karol P J. Barber R C. Sherrill B M. Vardaci E. Yamazaki T. J. Pure Appl Chem, 2016, 88(1-2): 155.

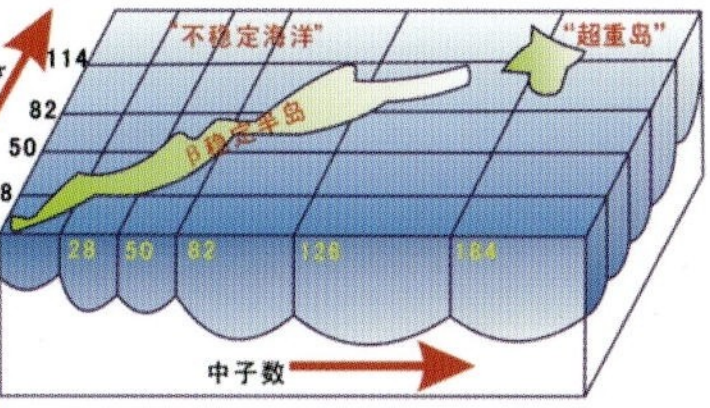

图13 “稳定岛”示意图

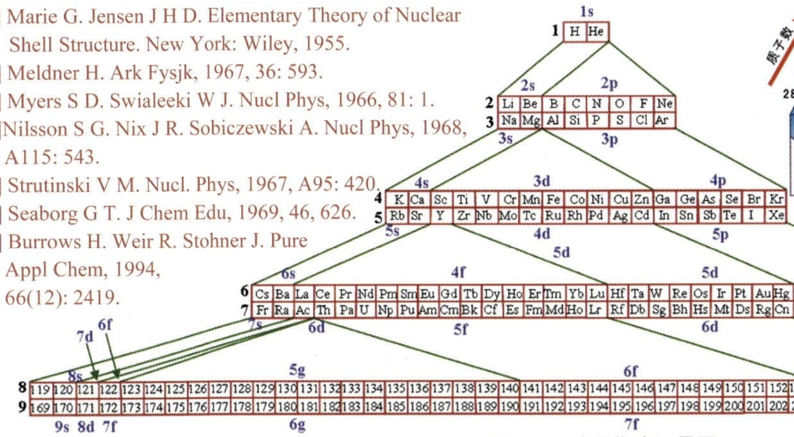

图14 元素周期表远景图

1807年	1808年	1879年	76(+2) TiO_2+4H——Ti 1791年

5

85.4678(3) 2.19
1.53 [Kr]$5s^1$ 363
39.31 12.5
688 0.3
55.80 0.8
37 铷Rb 403
46.9
247.5 Rubidium
216 1
148(+1) Rb^+——Rb −2.925
—
1861年

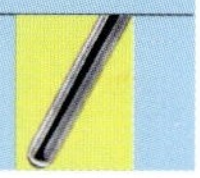

87.62(1) 7.43
2.6 [Kr]$5s^2$ 284
769 23.0
1384 1.5
33.7 0.95
38 锶Sr 549.5
(−168)
215.1 Strontium
191 2
113(+2) Sr^{2+}——Sr −2.888
—
1808年

88.90584(2) 11.4
4.478 [Kr]$4d^15s^2$ 297
1523 57.0
3337 —
19.80 1.2
39 钇Y 600
—
181 Yttrium
162 3
83(+3) Y^{3+}——Y −2.372
—
1794年

91.224(2) 17
6.52 [Kr]$4d^25s^2$ 276
1852 40.0
4409 5.0
14.1 1.33
40 锆Zr 640.1
—
160 Zirconium
145 4,3,2
79(+4) Zr^{4+}——Zr −1.529
109(+1)
1789年

6

132.90545196(6) 2.09
1.8785 [Xe]$6s^1$ 234
28.40 20
678.4 0.2
70.6 0.79
55 铯Cs 375.7
45.5
265.4 Cesium
235 1
169(+1) Cs^+——Cs −2.923
—
1860年

137.327(7) 7.66
3.51 [Xe]$6s^2$ 192
725 36
1870 3.0
39.1 0.9
56 钡Ba 502.9
(−52)
217.3 Barium
198 2
135(+2) Ba^{2+}——Ba −2.906
—
1808年

镧系元素

LANTHANIDE

57~71

178.49(2) 22
13.31 [Xe]$4f^{14}5d^26s^2$ 146
2227 35.1
4602 5.5
13.43 1.3
72 铪Hf 658.5
—
156.4 Hafnium
144 4,3,2
78(+4) Hf^{2+}——Hf −1.70
—
1923年

7

[223] —
— [Rn]$7s^1$ —
(27) —
(677) —
— 0.7
87 钫Fr 380
(43.9)
— Francium
— 1
176(+1) ———— —
—
1939年

[226] 8.5
5.0 [Rn]$7s^2$ 113
700 —
1737 —
45.2 0.9
88 镭Ra 509.3
—
220 Radium
— 2
140(+2) Ra^{2+}——Ra −2.916
—
1902年

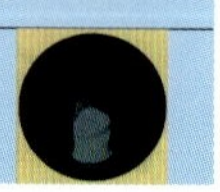

锕系元素

ACTINIDE

89~103

[267] —
17.0 [Rn]$5f^{14}6d^27s^2$ —
— —
— —
104 𬬻Rf 580
—
166 Rutherfordium
— 4
— 初次合成的核反应
— $^{242}_{94}Pu(^{22}_{10}Ne, 4^1_0n)^{260}_{104}Rf$
1964年

138.90547(7) 6.2
6.1453(α) [Xe]$4f^05d^16s^2$ 201
920 57.6
3454 2.5
22.60 1.1
57 镧La 538.1
—
187.7 Lanthanum
169 3
106(+3) La^{3+}——La −2.522
—
1839年

[227] 14
10.07 [Rn]$5f^06d^17s^2$ —
1050 —
3200 —
— 1.1
89 锕Ac 499
—
187.8 Actinium
— 3
111(+3) Ac^{3+}——Ac −2.6
—
1899年

图书在版编目（CIP）数据

化学元素周期表 / 高胜利等编著. —4 版. —北京：科学出版社，2016.10

ISBN 978-7-03-050097-7

I. ①化… II. ①高… III. ①化学元素周期表 IV. ①O6-64

中国版本图书馆 CIP 数据核字（2016）第 233589 号

责任编辑：顾英利 / 责任印制：肖 兴 / 封面设计：铭轩堂

科学出版社 出版

北京东黄城根北街 16 号

邮政编码：100717

http://www.sciencep.com

北京中科印刷有限公司印刷

科学出版社发行 各地新华书店经销

*

2006 年 1 月第 一 版 开本：787×1092 1/16

2016 年 10 月第 四 版 印张：1

2025 年 4 月第十次印刷 字数：30 000

定价：12.00 元

（如有印装质量问题，我社负责调换）

TS

RC, 2010~2011。)

被IUPAC承认

18/VIIIA

4.002602(2) 0.021
0.1786 $1s^2$ 5.19×10^3
-272.2 —
-268.934 —
31.8 3.58
2372.3
(-29)
2 氦He
Helium
122
28
93(+1)
—
1868年

电子壳层 层电子数

K 2

15/VA

14.007 0.72
1.2506(g) $[He]2s^22p^3$ 1.04×10^3
-209.86 —
-195.8 —
17.3 3.0
1402.3
(-58)
7 氮N
92
70
11(+5)
171(-3)
Nitrogen
-3,4,5,1,2,3
$NO_3^- + 4H^+ \longrightarrow NO$ 0.96
1772年

16/VIA

15.999 0.44
1.429(g) $[He]2s^22p^4$ 916
-218.4 —
-182.962 —
14.0 3.5
1313.9
141
8 氧O
140
66
140(-2)
176(-1)
Oxygen
-2, -1
$O_2+4H^+ \longrightarrow 2H_2O$ 1.229
1774年

17/VIIA

18.998403163(6) 1.56
1.696(g) $[He]2s^22p^5$ 824
-219.62 —
-188.14 —
17.1 4.0
1681
333
9 氟F
—
64
7(+7)
136(-1)
Fluorine
-1
$F_2 \longrightarrow 2F^-$ 2.87
1886年

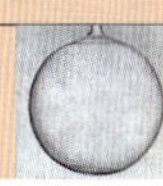

20.1797(6) 0.33
0.9002(g) $[He]2s^22p^6$ 1.03×10^3
-248.67 —
-246.048 —
16.8 4.44
2080.7
(-29)
10 氖Ne
160
58
112(+1)
—
Neon
—
1898年

L 8
K 2

30.973761998(5) 0.63(白)
1.828(白) $[Ne]3s^23p^3$ 757(白)
44.1(白) 1×10^{17}(白)
280.5(白) 0.5(白)
16.9(白) 2.1
1011.5
75
15 磷P
100
106
34(+5)
212(-3)
Phosphorus
5,±3,4
$H_3PO_4+2H^+ \longrightarrow H_3PO_3$ -0.276
1669年

32.06 1.72(β)
2.07(α) $[Ne]3s^23p^4$ 732(α)
112.8(α) 2×10^{23}(α)
444.674 2.0
15.56(α) 2.5
999.6
209
16 硫S
104
102
29(+6)
184(-2)
Sulfur
6,4,±2
$SO_4^{2-} \longrightarrow SO_3^{2-}$ -0.93
古代

35.45 6.41(Cl_2)
3.214(g) $[Ne]3s^23p^5$ 477(Cl_2)
-100.98 —
-34.6 —
17.39 3.16
1251.2
349
17 氯Cl
100
99
26(+7)
181(-1)
Chlorine
-1,3,5,7,1
$Cl_2 \longrightarrow 2Cl^-$ 1.358
1774年

39.948(1) 1.18
1.784(g) $[Ne]3s^23p^6$ 519
-189.2 —
-185.7 —
28.5 3.46
1520.6
(-35)
18 氩Ar
191
90
154(+1)
—
Argon
—
1894年

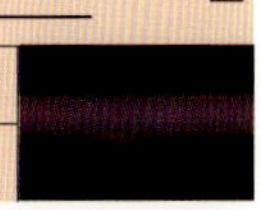

M 8
L 8
K 2

74.921595(6) 369.9
5.727(α) $[Ar]3d^{10}4s^24p^3$ 326(灰)
817(灰) 35(灰)
613(灰,升) 3.5
13.13(晶) 2.18
947
77
33 砷As
115
119
Arsenic
3,5,-3

78.971(8) 6.694
4.81(灰) $[Ar]3d^{10}4s^24p^4$ 322
220.2(灰) 12.0
684.9 2.0
16.57(灰) 2.4
941
198
34 硒Se
117
116
42(+6)
Selenium
4,6,-2

79.904 10.5(Br_2)
3.119 $[Ar]3d^{10}4s^24p^5$ 448
-7.2 —
58.78 —
23.51 2.96
1139.9
324.5
35 溴Br
115
114.2
39(+7)
Bromine
-1,5,7,1

83.798(2) 1.6
3.736(g) $[Ar]3d^{10}4s^24p^6$ 247
-156.6 —
-152.9 —
32.2 3.0
1350.8
(-39)
36 氪Kr
196
112
169(+1)
Krypton
2,1,0

N 8
M 18

化学元素周期表

（第四版）

高胜利　杨　奇　陈三平　周春生　编著

“这是我见到过的最新、最好的周期表，包含的信息量丰富。一定会被化学界同行所接受。”

徐光宪　中国科学院院士

“西北大学化学系高胜利等著《化学元素周期表》是我国当前的一套信息资料最为丰富的化学教学工具，我对此表示欢迎和支持，学化学课的学生可以人手一册作为学习参考工具。”

申泮文　中国科学院院士

(SCPC-BZBEZD14-0003)
www.sciencep.com
ISBN 978-7-03-050097-7
9 787030 500977 >
定　价：12.00元

科学出版社